I0481938

Achille Muntz

Les Phosphates dans l'agriculture française

Étude

Le code de la propriété intellectuelle du 1er juillet 1992 interdit en effet expressément la photocopie à usage collectif sans autorisation des ayants droit. Or, cette pratique s'est généralisée dans les établissements d'enseignement supérieur, provoquant une baisse brutale des achats de livres et de revues, au point que la possibilité même pour les auteurs de créer des œuvres nouvelles et de les faire éditer correctement est aujourd'hui menacée. En application de la loi du 11 mars 1957, il est interdit de reproduire intégralement ou partiellement le présent ouvrage, sur quelque support que ce soir, sans autorisation de l'Éditeur ou du Centre Français d'Exploitation du Droit de Copie , 20, rue Grands Augustins, 75006 Paris.

ISBN : 978-1721186563

10 9 8 7 6 5 4 3 2 1

Achille Muntz

Les Phosphates dans l'agriculture française

Étude

Table de Matières

SECTION I.

C'est aujourd'hui un fait bien démontré que le phosphore est indispensable à la vie végétale et animale. Dans un milieu où il manque totalement, la vie est absente. Les régions où il est rare sont infertiles, l'homme et les animaux qui les habitent sont souffreteux et clairsemés. La richesse en phosphore produit les végétations luxuriantes, les populations riches et denses, les belles races animales.

C'est le sol qui est le réservoir du phosphore. C'est là que le prennent, sous la forme de phosphate, les végétaux qui se développent à sa surface. Si la terre végétale était toujours pourvue abondamment de phosphate, nous n'aurions pas à nous préoccuper de son emploi en agriculture. Mais il n'en est pas ainsi. Les phosphates sont disséminés dans le sol en minime proportion, et si nous exprimons leur quantité en acide phosphorique, nous en trouvons rarement plus de 1 à 2 millièmes, souvent beaucoup moins.

Pour ne considérer que la France, nous voyons de vastes régions où la terre ne renferme que de faibles traces d'acide phosphorique. Les sols dérivés des granits, des gneiss, des schistes, comprenant plus du cinquième du territoire national, sont dans ce cas. La Bretagne, le Limousin, tout le plateau central, auquel on applique l'expression pittoresque de *tête chauve* de la France, une partie des Vosges, manquent de phosphore. Aussi quelles maigres récoltes, quelle population chétive et misérable !

Introduisez le phosphore dans ces terres déshéritées, vous transformez celles-ci d'une manière complète, et cela dans l'espace de peu d'années. Là où de maigres récoltes de seigle ou de sarrasin donnaient à la population une nourriture grossière et insuffisante, on peut alors cultiver le blé, qui, en procurant une alimentation plus substantielle, augmente le bien-être ; l'avoine, qui, vendue sur les marchés, apporte de l'aisance dans la ferme. Dans ces mêmes régions, les prairies qui ne donnaient que des herbes grossières, des joncs, des carex, constituant plutôt une mauvaise litière qu'un bon fourrage, sont modifiées par l'apport des phosphates, qui y font pousser les graminées tendres et aromatiques, les légumineuses savoureuses et nutritives. Les vastes landes de la Bretagne, où les phosphates font merveille, sont là pour attester l'efficacité de cette matière fertilisante, la rapidité de son action, la modification qu'elle peut faire subir à l'aspect et à la prospérité d'un pays.

Mais si les régions que l'absence de phosphore condamne à la stérilité couvrent de vastes surfaces, bien autrement étendues sont celles où il existe en quantité appréciable, mais cependant encore insuffisante. Là, l'agriculture, quoique plus prospère, est réduite à ces rendements, dits moyens, qui ne paient que péniblement le travail du laboureur. L'intervention des phosphates dans ces terres de fertilité moyenne permet d'atteindre les récoltes abondantes, qui sont aujourd'hui la condition essentielle de la prospérité agricole. Demandez aux cultivateurs de la Brie et du Nord ce que seraient leurs récoltes de blé et de betteraves sucrières s'ils supprimaient l'emploi des phosphates.

Bien limités, au contraire, sont les sols privilégiés dont on peut dire qu'ils sont suffisamment pourvus de phosphore, au point que l'apport de ce principe fertilisant leur soit inutile. Des alluvions profondes, des terres d'origine volcanique sont souvent dans ce cas. Heureux ceux qui les cultivent ! Ils subissent moins vivement les effets de la crise agricole.

La contenance du sol en phosphore est donc le facteur le plus important de la fertilité. Mais, à côté du phosphate, doivent se trouver les autres éléments fertilisants : l'azote, la potasse, la chaux. Ce n'est que dans les cas où tous ces éléments sont réunis en proportions convenables qu'un sol est doué de toute sa fertilité.

Nous savons aujourd'hui, grâce aux beaux travaux de M. de Gasparin et de M. E. Risler, quel est le rapport entre la teneur d'un sol en phosphore et son aptitude à porter des récoltes. Nous pouvons, en nous servant de l'analyse chimique, si habilement mise à profit par ces savants éminents, déterminer avec exactitude la proportion d'acide phosphorique que renferme une terre, et déduire de cette donnée l'opportunité de l'emploi des engrais phosphatés. Ces notions sont aujourd'hui définitivement acquises, et la pratique agricole peut adopter, sans hésiter, ce mode d'investigation.

Les analyses des sols, comparées aux résultats culturaux, ont montré que les terres renfermant seulement 0,1 à 0,2 d'acide phosphorique pour 1,000 sont infertiles, et que l'apport des engrais phosphatés les transforme complètement ; que celles qui en ont environ 0,5 doivent être regardées comme très pauvres et profitent largement des fumures phosphatées ; que la proportion doit approcher de 1 pour 1,000 pour qu'une terre puisse être regardée comme moyennement riche ; encore, si elle l'est assez pour les conditions de la culture ordinaire, généralement ne l'est-elle pas pour la culture intensive. Ce n'est qu'au-dessus de 1 pour 1,000 que le besoin de l'apport des fumures phosphatées se fait moins sentir. Au voisinage de 2 millièmes, d'ailleurs rarement atteint, on peut les regarder comme inutiles.

Donnons quelques exemples de l'influence des phosphates sur ces différents sols. Dans les landes de Bretagne, M. Rieffel a obtenu les résultats suivants : 1^{re}année, terre de lande écobuée, 766 kilogrammes de froment par hectare ; 2^{e}année, terre de lande phosphatée, 1,950 kilogrammes. L'introduction du phosphate a plus que doublé le rendement du grain dès sa première application. Dans un autre essai, en opérant sur la terre de lande brute, le même agronome n'a pu obtenir aucune récolte ; en y introduisant du phosphate, il a obtenu par hectare 25 hectolitres de seigle, 26 de sarrasin, 12 de blé. Ces terres, absolument improductives, ont donc été transformées, par le simple apport du phosphate, en véritables terres arables.

Si nous passons à des sols moins déshérités, nous pouvons tirer un exemple des essais faits par M. Vauchez dans le Bocage vendéen sur le chou-fourrage, qui est une des cultures les plus importantes de cette région. La terre non additionnée de phosphate a donné par hectare 25,700 kilogrammes de produit ; additionnée de phosphate, elle en a donné 47,800, c'est-à-dire près du double. Pour la culture du blé, M. Garola a obtenu dans la Beauce, par l'emploi des superphosphates, un rendement à l'hectare de 35 quintaux métriques de blé, alors que la terre non additionnée de phosphate n'en donnait que 19,5. Même dans des terres relativement riches, contenant 1 gramme à 1 gr. 5 d'acide phosphorique par kilogramme, MM. Corenwinder et Contamine ont encore observé des résultats sensibles par l'application de l'acide phosphorique et ont fait passer le rendement de 35,000 kilogrammes de betteraves à sucre à 42,000 kilogrammes par hectare.

Il serait facile de multiplier ces exemples ; ce que nous venons de dire suffit pour ne laisser aucun doute sur l'augmentation des récoltes qu'on peut obtenir par l'emploi des engrais phosphatés.

En parlant des rendemens élevés que l'acide phosphorique permet d'atteindre, nous n'entendons pas regarder cet élément fertilisant comme suffisant à lui seul pour les produire ; il faut, en outre, que les plantes trouvent les autres principes qui sont nécessaires à leur développement : l'azote, la potasse, la chaux, etc. Un équilibre doit exister entre ces différentes substances, et la prédominance de l'une devient inutile lorsque les autres font défaut. Donner par exemple au sol de fortes fumures phosphatées, alors que l'azote n'y existe pas en proportion suffisante, c'est le condamner à ne produire qu'une partie des effets qu'on serait en droit d'en attendre.

Le phosphate n'en reste pas moins l'élément fertilisant par excellence, en ce sens que c'est lui qui fait le plus souvent défaut. Pour l'azote, il existe en grande quantité dans les terres riches en matières organiques, telles que les terres de landes et de bruyères, les défriches de bois, celles de prairies naturelles et artificielles. Dans ces cas, une fumure phosphatée n'a pas besoin d'être accompagnée de fumure azotée. D'un autre côté, les légumineuses qui forment les prairies artificielles : luzerne, trèfle, sainfoin, ainsi que celles qui poussent dans les prairies naturelles : les vesces, la minette, les trèfles, le lotier, celles aussi qu'on cultive comme engrais vert : les lupins, les vesces, ont la faculté précieuse de soutirer à l'air et de faire entrer dans leur constitution l'azote libre qui forme la principale masse de l'atmosphère, et que les autres plantes ne sont pas susceptibles d'utiliser directement ; il y a donc, du fait de cette aptitude des légumineuses, un enrichissement continu d'azote qui se retrouve à un état assimilable dans le sol au moment du défrichement, ainsi que dans les fumiers, après avoir passé par le corps des animaux.

M. Berthelot a montré que le sol lui-même est capable, sous l'influence des organismes microscopiques qui y vivent, d'amener à un état utilisable cet azote aérien si inutile aussi longtemps qu'il n'est pas fixé.

L'azote qu'utilisent nos cultures provient donc en partie d'un apport incessant dû à des phénomènes naturels, et un sol qui serait primitivement dépourvu de cet élément ou épuisé par la culture peut, du fait même d'une culture bien entendue des plantes qui le prennent dans l'atmosphère, et sans apport d'engrais azotés, s'enrichir suffisamment pour donner ensuite des récoltes satisfaisantes.

Rien de pareil ne se passe pour l'acide phosphorique ; quand une terre en manque, aucun apport ne se fait, si ce n'est par l'intervention de l'homme qui doit aller prendre dans les gisements où les phosphates se sont concentrés, de quoi enrichir suffisamment la terre. De même, lorsqu'une terre a perdu, par une succession de cultures sans restitution suffisante, le phosphate qu'elle renfermait, c'est seulement par une fumure directe qu'il est possible d'y remédier.

Mais, d'un autre côté, si nous pouvons compter sur un apport permanent d'azote, nous devons aussi nous préoccuper de la déperdition de cet élément, qui ne reste pas acquis au sol dans lequel il a été introduit, mais qui s'en va en grande quantité sous forme de nitrate dans les eaux de drainage. L'azote est donc un élément beaucoup plus mobile que l'acide phosphorique ; il circule incessamment, des phénomènes naturels l'apportent d'un côté, l'emmènent de l'autre, les plantes cultivées devant le saisir en quelque sorte au passage pendant cette circulation.

L'acide phosphorique, au contraire, une fois acquis au sol, s'y trouve immobilisé, et n'est enlevé que du fait des cultures, c'est-à-dire à mesure de son utilisation ; il attend que les racines des plantes viennent le chercher, sans se trouver entraîné par les eaux qui traversent le sol. Si l'azote possédait cette fixité, on n'aurait guère à se préoccuper de sa restitution par les fumures, car les quantités introduites dans un domaine, surtout par la culture des légumineuses, dans un assolement bien conduit, sont considérables. Mais la forme soluble qu'il prend dans le sol sous l'influence des micro-organismes qui le transforment en nitrate, le prédispose à être enlevé par les eaux de pluie traversant le sol et s'écoulant suivant les pentes naturelles du sous-sol pour former les cours d'eau. La perte que subissent de ce chef les terres cultivées, dans lesquelles la nitrification des matières azotées est active, est un phénomène des plus préjudiciables à l'agriculteur, qui est forcé alors de restituer sous la forme de fumier, de nitrate de soude, de sulfate d'ammoniaque, cet azote qui lui est enlevé incessamment.

C'est pendant les pluies de l'automne et de l'hiver, après que les chaleurs de l'été ont provoqué une nitrification abondante, que ces pertes d'azote sont les plus fortes ; aussi s'est-on préoccupé de les éviter par des cultures dérobées venant absorber, au moins en partie, ce qui, à la fin de l'été, reste disponible et serait infailliblement perdu dans le cours de l'hiver. M. Dehérain, auquel on doit d'intéressantes études sur cette question, a montré qu'on pourrait ainsi utiliser une partie notable de cet élément précieux avant son élimination par les pluies.

Le manque de fixité de l'azote nous oblige donc à nous adresser à des engrais contenant cet élément, pour entretenir et augmenter la fertilité du sol, et, sauf les cas de richesse exceptionnelle en humus, que nous avons cités plus haut, les engrais azotés doivent se joindre aux engrais phosphatés.

À l'appui de cette thèse, il convient de citer quelques expériences culturales ; nous les empruntons à MM. Lawes et Gilbert, les célèbres expérimentateurs anglais qui ont cultivé, pendant quarante-deux années consécutives, du blé sur une même terre. Les rendements moyens pendant cette longue période ont été les suivants, par surface d'un hectare : sans engrais, 12 hect. 5 ; avec phosphate, 14,6 ; avec phosphate et azote, 23,6. Pour l'orge, cultivée pendant vingt années sur le même sol, ces savants ont obtenu : sans engrais, 17 hect. 9 ; avec phosphate, 22,9 ; avec phosphate et azote, 42,2.

On voit donc que l'acide phosphorique ne produit tous ses effets que lorsqu'il est associé à l'azote.

La présence des autres matières fertilisantes, telles que la potasse et la chaux, est également indispensable ; mais il y a beaucoup moins à se préoccuper de ces deux substances, la potasse existant en quantité notable dans presque toutes les terres du territoire de la France, et ne devant être donnée comme fumure que dans certaines conditions de sol et de culture.

Pour la chaux, elle est abondante dans la plupart des terres, et c'est exceptionnellement qu'elle est en proportion trop minime pour les exigences des plantes.

SECTION II.

Ces données générales étant exposées, examinons les divers produits phosphatés que la nature et l'industrie mettent à notre disposition et les conditions pratiques dans lesquelles nous pourrons les appliquer aux diverses cultures, pour en obtenir des résultats avantageux.

La nature nous offre les phosphates sous forme de gisements dans différents étages géologiques. Ce sont tantôt des rognons ou des nodules, tantôt des filons ou des concrétions rocheuses, tantôt des sables ou de la craie.

Ces gisements sont disséminés dans presque toute la France ; on en trouve dans un grand nombre de départements. Quelques-uns font l'objet d'exploitations importantes qui alimentent les marchés ; d'autres, de plus faible étendue, servent à l'agriculture locale. Il en est qui ne sont pas encore exploités.

Les phosphates retirés de ces gisements sont amenés à l'état de poudre fine et constituent alors ce qu'on appelle les phosphates naturels. Lorsqu'on les traite par un acide, leur élément fertilisant est solubilisé et acquiert une plus grande aptitude à favoriser la végétation ; les phosphates ayant subi ce traitement chimique portent les noms de superphosphates et de phosphates précipités.

En outre, l'industrie des aciers a récemment mis à la disposition de l'agriculture des résidus provenant de l'extraction du phosphore des fontes, qui en contiennent souvent de grandes quantités, et dont il est nécessaire de les débarrasser ; ce sont les scories phosphatées ou phosphates métallurgiques.

Enfin les os des animaux, qui sont constitués en majeure partie par du phosphate de chaux, fournissent un appoint notable de phosphates d'os qu'on emploie soit en nature, simplement pulvérisés, soit après les avoir soumis à diverses préparations.

Examinons les uns après les autres les engrais phosphatés que le commerce met abondamment à la disposition de nos cultures.

Sous la forme de nodules ou de coprolithes, on rencontre le phosphate de chaux dans les grès verts et dans la gaize, à la limite du terrain crétacé et du terrain jurassique, dans l'étage albien ; ils forment une zone partant des Ardennes pour aboutir à la basse Normandie, décrivant un grand arc de cercle qui passe à travers la Meuse, l'Aube, l'Yonne, le Cher, l'Indre, la Vienne, l'Indre-et-Loire, le Maine-et-Loire, la Sarthe et le Calvados ; mais ce n'est qu'en certains points que les gisements sont susceptibles d'être exploités.

Les départemens de la Meuse et des Ardennes constituent le centre le plus actif d'extraction. Le Pas-de-Calais, la Marne, le Cher, l'Yonne, en fournissent également des quantités importantes. La proportion d'acide phosphorique que renferment ces produits est généralement comprise entre 18 et 20 pour 100.

Des concrétions analogues se trouvent, formant des gisements puissants, dans le lias de la Côte-d'Or (Auxois), des Vosges et de la Haute-Saône.

Pendant longtemps ce sont les nodules ou coprolithes qui ont alimenté les marchés, surtout celui de la Bretagne, et qui ont en outre fourni à l'industrie la matière première des superphosphates. À l'heure actuelle l'activité de leur exploitation s'est quelque peu ralentie, car la découverte récente des phosphates arénacés a attiré vers ces derniers produits, d'une richesse plus grande et d'une extraction plus facile, l'attention des industriels et des spéculateurs. Ce n'est là cependant, pensons-nous, qu'un mouvement de courte durée ; les gisements des phosphates arénacés n'ont pas l'importance de ceux des grès verts, de la gaize et du lias, qui sont les grands réservoirs de l'acide phosphorique et dont l'exploitation redeviendra tôt ou tard plus active, pour fournir aux besoins de l'agriculture, qui consomme d'année en année de plus grandes quantités de cette substance fertilisante.

On rencontre encore les phosphates naturels sous la forme de phosphorites, consistant en masses mamelonnées de couches concentriques et qui font l'objet d'exploitations importantes dans les départements du Tarn-et-Garonne, du Lot, de l'Aveyron, du Gard ; elles sont de richesse variable, atteignant parfois la proportion élevée de 35 pour 100 d'acide phosphorique ; elles sont alors de préférence employées pour la production des superphosphates ; les minerais qu'on emploie à l'état naturel ne contiennent ordinairement que 15 à 20 pour 100 d'acide phosphorique.

L'exploitation des phosphates du Gard a été menée très activement à Lirac et à Tavel (étage néocomien) ; ces gisements, à minerais riches, sont bien placés pour alimenter l'agriculture du Midi ; quant aux carrières du Lot (étage oolithique) qui fournissaient à tout le sud-ouest de la France et à l'Angleterre, leur prospérité a décliné, par suite de l'épuisement des minerais riches autant que par suite de la concurrence des phosphates arénacés. Il n'en est pas moins vrai que tous les gîtes que nous venons de citer renferment encore d'énormes quantités d'acide phosphorique qui ne disparaîtront pas et qu'on saura extraire du sol, lorsque les besoins de l'agriculture l'exigeront.

En ce moment, l'activité des *phosphatiers* s'est surtout portée sur les gisements des craies et sables arénacés récemment découverts dans les départements du nord de la France.

En raison de l'importance de ces derniers gisements, de l'étendue qu'ils occupent, de l'influence qu'ils ont eue sur le marché des phosphates, et enfin de la date récente de leur exploitation, nous les examinerons avec plus de détails.

Les sables et craies phosphatés sont situés dans l'étage sénonien du terrain crétacé et groupés en des points très rapprochés dans les départements de la Somme, de l'Oise, du Pas-de-Calais, du Nord ; ils sont désignés sous le nom général de phosphates de la Somme. Les gisements sont formés principalement par une sorte de craie ne contenant que des quantités assez faibles d'acidephosphorique, 6 à 15 pour 100 environ ; le reste est constitué par du calcaire inerte. En certains endroits, cette craie a subi, sous l'influence des eaux d'infiltration, un véritable lavage qui en a éliminé la plus grande partie du calcaire et a ainsi produit une concentration du phosphate, qu'on trouve alors sous forme de petits grains, constituant ce qu'on appelle le sable phosphaté ou le phosphate arénacé.

Dans les environs de Doullens se trouvent les plus riches exploitations de sables phosphatés ; ce sont celles de Beauval, de Beauquesne, de Terramesnil, de Puchevillers, etc. Le gisement se continue dans le Pas-de-Calais où il est exploité, notamment à Orville. Dans ces localités, le sable phosphaté se rencontre sous une couche d'argile à silex et peut être exploité à ciel ouvert. Dans d'autres localités, telles que Hallencourt et Breteuil (Oise), le sable phosphaté est moins abondant et la craie phosphatée domine.

Les géologues ne sont pas tous d'accord sur l'origine organique ou minérale de ces gisements ; mais l'examen microscopique qu'ont fait de ces produits M. S. Meunier et M. Olry a montré que les grains phosphatés affectent souvent la forme cristalline. Cette observation a une grande importance au point de vue de l'emploi direct des produits, car la cristallisation y détermine une dureté qui les rend plus réfractaires à l'action des racines des plantes et diminue ainsi leur efficacité. Aussi n'est-ce qu'après leur transformation en superphosphates que les agriculteurs les utilisent.

Les phosphates arénacés sont activement exploités ; déposés à flanc des coteaux dans des sortes de poches, recouverts d'une simple couche d'argile, ils n'exigent que peu de frais d'extraction ; ils ont en outre une grande richesse (jusqu'à 42 pour 100 d'acide phosphorique) qui les fait rechercher pour la fabrication des superphosphates. Les propriétaires qui trouvent dans leurs terres des poches à sable phosphaté réalisent des bénéfices parfois énormes.

Mais ces poches de sable phosphaté proprement dit sont peu fréquentes et s'épuisent assez rapidement. C'est la craie qui constitue le véritable gisement d'acide phosphorique de l'étage sénonien. On la trouve sur d'immenses étendues avec une faible teneur en acide phosphorique (6 à 12 ou rarement jusqu'à 15 pour 100). Aussi les craies, renfermant de grandes quantités de matières inertes, sont-elles peu recherchées ; leur valeur vénale est extrêmement minime. Elles ne se prêtent ni à l'emploi direct, ni à la transformation en phosphates acides. C'est seulement si l'on parvenait, à réaliser économiquement la concentration de l'acide phosphorique, pour rapprocher leur composition de celle des phosphates arénacés, qu'on pourrait faire entrer dans la circulation végétale et animale des quantités énormes d'acide phosphorique qui restent actuellement à l'état inerte. De grands efforts tentés dans cette voie seront peut-être un jour couronnés de succès.

L'action des phosphates naturels sur la végétation est généralement minime ; la pulvérisation qu'on leur fait subir ne les amène pas à l'état de poudre assez impalpable pour que les racines et les agents dissolvants du sol puissent agir sur eux avec une grande efficacité.

Aussi, sous cette forme, donnent-ils en général des résultats peu accentués, et nous n'hésiterions pas à leur préférer, dans la plupart des cas, les superphosphates, si leur prix minime n'engageait pas à les faire entrer dans la pratique agricole. Car, s'il est très important pour l'agriculteur de fournir à la terre de l'acide phosphorique sous la forme la plus assimilable, il doit s'attacher aussi à le donner sous la forme la moins coûteuse.

Nous devons envisager le cas où, en tenant compte de cette double exigence, nous avons intérêt à employer les phosphates naturels. Il est reconnu que les matières organiques ont sur les phosphates une action dissolvante. Chaque fois qu'on les met en présence de ces matières, on peut donc compter sur leur efficacité ; c'est dans les terres acides, tourbes, landes, terres de bruyères et de forêts, défrichements de prairies, que nous voyons leur action se manifester énergiquement. Là, les débris des végétations antérieures, formant un terreau acide, agissent sur les phosphates naturels, les assimilent et les offrent ensuite à un état accessible aux racines des plantes.

On ne doit donc pas craindre d'employer les phosphates naturels, chaque fois qu'on se trouve en présence de terres comme celles dont nous venons de parler, et on peut les appliquer à haute dose, par la double considération de leur prix d'achat minime et de leur fixité dans le sol, cette dernière propriété permettant à une longue suite de récoltes de vivre sur une forte fumure phosphatée donnée au début de l'exploitation. Il n'est point exagéré de répandre pour chaque hectare 1,000 et même 2,000 kilogrammes de ces phosphates, qu'on enterre par un labour avant les semailles. Le prix de ces produits, réduits en poudre, varie de 3 à 4 francs les 100 kilogrammes, sur les lieux de production. L'unité, ou pour mieux dire le kilogramme d'acide phosphorique, revient ainsi à environ 0 fr. 15 à 0 fr. 20 ; les frais de transport à pied d'œuvre viennent en augmentation de ce prix.

Quoi qu'il en soit, le phosphatage à haute dose ne coûte guère plus de 40 à 50 francs par hectare pour une quantité de 1,000 kilogrammes, 80 à 100 francs pour une quantité de 2,000 kilogrammes. Pendant plusieurs années, la terre se trouve suffisamment pourvue d'acide phosphorique, qui devient graduellement assimilable, et l'on n'a pas besoin de penser de longtemps à recourir à un nouvel apport de phosphate.

Dans ces sols riches en matières organiques, il faut donc toujours appliquer les phosphates naturels, qui sont à bon marché ; la matière humique du sol se charge elle-même de leur transformation en produits utilisables. Si l'on voulait y introduire la même quantité d'acide phosphorique, sous la forme de superphosphates ou de phosphates précipités, on aurait à faire une dépense trois ou quatre fois plus grande et qui ne serait pas compensée par des résultats supérieurs.

Dans la généralité des autres terres, c'est-à-dire dans les terres de culture ordinaire, l'application directe des phosphates naturels au sol n'a qu'une influence minime sur l'augmentation des récoltes. Les céréales, les pommes de terre, les betteraves, la vigne, ne paraissent pas susceptibles d'emprunter aux phosphates naturels de grandes quantités d'acide phosphorique ; ce n'est qu'à la longue et graduellement que ce dernier arrive à être absorbé par les racines.

Il faudrait cependant se garder de renoncer pour ces terres, qui forment la plus grande étendue de nos terres arables, à l'emploi des phosphates naturels qui sont si abondants et d'un prix si minime. On peut les solubiliser, pour ainsi dire sans frais, en mettant à profit leur aptitude à se combiner aux matières organiques, aptitude dont nous avons parlé plus haut. À cet effet, on les introduit dans les fumiers. Après quelques mois, une notable quantité d'acide phosphorique est déjà passée en combinaison et peut dès lors être regardée comme ayant une valeur réelle pour l'alimentation des plantes. Le moyen le plus simple d'introduire ces phosphates dans le fumier, c'est d'en jeter tous les jours à l'étable sous les pieds des animaux, 2 à 3 kilogrammes par cheval, vache ou bœuf, 500 grammes par mouton. Par le piétinement des animaux, le phosphate est incorporé à la litière et se retrouve alors disséminé dans la masse du fumier, où le contact prolongé de la matière humique en opère la solubilisation.

Cette pratique est recommandable au plus haut degré, elle n'entraîne pas de frais de main-d'œuvre ; un sac de phosphate est placé dans l'étable ; tous les jours, à l'aide d'une mesure, ceux qui ont soin des animaux répandent sur la litière la quantité voulue. C'est une opération qui ne demande que quelques minutes, même pour une étable bien garnie. On peut donc regarder les frais de main-d'œuvre comme absolument insignifiants.

Il est également à conseiller de faire entrer les phosphates naturels dans la confection des composts ; ceux-ci, formés de feuilles mortes, de tourbes, sciures de bois, de vases et curares d'étangs, de marcs de raisin et de pommes, de débris végétaux divers, et même de déchets animaux, contiennent souvent d'assez grandes quantités de matières organiques pour amener une solubilisation tout au moins partielle de l'acide phosphorique. C'est à mesure qu'on établit le compost qu'il faut y introduire le phosphate, par couches successives et alternantes avec les autres matières, en le rapprochant autant que possible des débris végétaux. La quantité à employer est d'environ 40 à 50 kilogrammes par mètre cube de compost. De nombreux essais faits par les agronomes les plus compétents ont montré l'efficacité de ce procédé. Depuis longtemps déjà M. de Molon, ainsi que M. E. Risler, ont appelé l'attention sur l'intérêt que présente, pour l'emploi ultérieur, la réaction des matières organiques sur les phosphates. Cette transformation au sein des fumiers et des composts a ainsi triplé ou quadruplé la valeur agricole d'une notable quantité de phosphate naturel.

Nous voyons donc que, malgré leur cohésion qui limite leur efficacité, l'agriculture doit donner une large place aux phosphates naturels ; ce sont surtout les exploitations voisines des gisements qui sont appelées à bénéficier de l'application de ces procédés ; n'ayant que peu de frais de transport à payer, elles ont, au minimum du prix, cette matière fertilisante que peu d'efforts leur permettent ensuite de mettre en œuvre.

Il semblerait que des notions aussi simples eussent dû pénétrer depuis longtemps dans l'esprit des masses agricoles ; il n'en est rien cependant, et cette pratique si recommandable n'est encore que rarement appliquée, même au voisinage des gisements où souvent la valeur vénale de ces produits est nulle ; c'est le cas des craies phosphatées si abondantes dans l'Oise, dans la Somme, qu'on néglige, pour n'extraire que les sables phosphatés, qui sont beaucoup plus riches.

SECTION III.

Le degré d'utilisation directe des phosphates est très variable : certains d'entre eux, même dans les sols les plus propres à leur action, n'ont que peu d'efficacité ; ce sont les phosphates ayant une texture cristalline, comme les apatites et les phosphates arénacés, ou fortement agrégés, comme les phosphorites du Lot. La pulvérisation la plus fine ne change pas leur nature ; les particules gardent leur dureté et leur résistance à l'action dissolvante des racines et des agents du sol. Une catégorie considérable de produits riches en acide phosphorique resterait donc sans valeur agricole, si un traitement chimique ne venait opérer une transformation qui les rend aptes à l'assimilation par les récoltes.

Souvent même les phosphates naturels les plus tendres, dont l'action est si manifeste dans les terres acides, ne produisent pas dans d'autres sols, comme ceux de la Brie, de la Beauce, tous les résultats que l'on serait en droit d'en attendre. Même si leur effet était satisfaisant pour les besoins des cultures à faible rendement, qui ne peuvent supporter les dépenses élevées, il ne le serait plus pour les besoins de la culture intensive, qui cherche à produire vite et beaucoup, à faire circuler les capitaux, à tirer d'une surface donnée les plus fortes récoltes.

Ces considérations ont amené à chercher des procédés permettant de tirer parti des phosphates qui ne sont pas assimilables ou qui ne le sont pas assez, et de porter au maximum d'utilisation l'acide phosphorique des produits naturels.

Partant de ce principe que les matières fertilisantes sont d'autant plus efficaces qu'elles sont données au sol sous une forme plus soluble, on a été conduit à appliquer aux phosphates naturels des traitements chimiques modifiant la nature et la composition des matières premières.

De là est née l'industrie des superphosphates, dont Liebig, en 1840, a donné l'idée, dont M. Lawes, en 1842, a été le promoteur, et qui a pris dans ces dernières années une grande extension. Cette industrie a fait faire le progrès le plus considérable dans la voie de l'application des données scientifiques à l'agriculture, et elle a permis à la culture moderne d'obtenir, sur une même surface, des quantités doubles et triples des récoltes qu'elle produisait autrefois.

La solubilisation de l'acide phosphorique s'obtient facilement en traitant les minerais pulvérisés par de l'acide sulfurique, qui amène le phosphate tribasique insoluble à l'état de phosphate monobasique soluble.

Nous n'insistons pas sur la théorie, non plus que sur la pratique de cette fabrication, arrivée à un très haut degré de perfection. Les produits qu'elle fournit à l'agriculture sont très divers, aussi divers que les matières premières mises en usage ; ils se classent par ordre de richesse ; le taux d'acide phosphorique soluble à l'eau et au citrate d'ammoniaque, qui règle leurs prix de vente, descend quelquefois au-dessous de 10 pour 100 et atteint, dans des produits exceptionnels (superphosphates enrichis), le taux de 30 à 35 pour 100 ; mais c'est ordinairement entre 10-12, 12-14, 14-16 pour 100 que sont compris les superphosphates formant les principaux types commerciaux. Le kilogramme d'acide phosphorique soluble se paie ordinairement de 0 fr. 50 à 0 fr. 60, c'est-à-dire 3 ou 4 fois plus cher que pour les phosphates naturels.

L'action des superphosphates n'est plus à démontrer ; la grande culture les a adoptés ; la petite culture elle-même, si réfractaire cependant aux innovations, commence à s'adresser à eux.

Si nous voyons aujourd'hui les magnifiques récoltes de blé que nous donnent la Brie, la Beauce et les départements du Nord de la France, les rendements élevés de la betterave sucrière, qui forme la principale richesse d'un grand nombre de départements, nous ne pouvons assez admirer l'influence qu'a exercée l'introduction des superphosphates dans ces cultures.

C'est une règle qu'il faut admettre aujourd'hui que, chaque fois qu'on veut augmenter considérablement les rendements des récoltes, c'est au superphosphate qu'il faut s'adresser. Se trouvant soit à l'état soluble, soit à un état de division moléculaire infinitésimale, l'acide phosphorique peut être immédiatement absorbé par les racines qui entrent en contact avec lui. Aussi agit-il sans retard, dès le moment même de son introduction dans le sol. On sait, en effet, qu'on peut l'appliquer au moment des semailles et même en couverture, au premier printemps, sur les céréales. Il n'a pas besoin d'être enfoui à l'avance et de subir une transformation préalable au sein de la terre. Sa place est marquée dans tous les sols, sauf dans les sols acides, dont nous avons parlé plus haut, et où les phosphates naturels s'appliquent plus judicieusement et donnent, à moins de frais, d'excellents résultats.

S'agit-il de la culture du blé ? On emploiera 300 à 500 kilogrammes de superphosphate, de manière à introduire dans le sol 50 à 60 kilogrammes d'acide phosphorique solubilisé. Les blés n'en seront pas seulement plus riches en grain, mais aussi ils résisteront mieux à la verse et à la rouille et auront une maturité plus hâtive.

Il y a dans ces quantités de quoi fournir à une récolte aussi abondante qu'on peut le désirer. Ce qui n'en est pas utilisé n'est pas pour cela perdu ; la récolte suivante trouvera dans le sol l'excédent de cette fumure. Si l'on fait suivre le blé d'une culture moins exigeante, comme l'avoine par exemple, on peut alors se dispenser de donner à cette dernière une nouvelle quantité de phosphate.

À cette quantité d'acide phosphorique, appliquée de préférence au moment du labour d'automne, il conviendra de joindre 100 à 200 kilogrammes de nitrate de soude, moins dans le cas de terres ayant déjà une certaine richesse acquise en azote, plus dans le cas où le sol n'en renferme originairement que de petites quantités. Le nitrate de soude doit être donné en couverture au premier printemps ; si on l'appliquait dès l'automne, il serait en grande partie enlevé par les eaux de pluie et ne produirait qu'un effet médiocre.

S'il n'y a aucun inconvénient à employer des doses exagérées de phosphate, dont l'excès n'a jamais d'action nuisible sur les plantes et qui n'est pas sujet à des déperditions, il n'en est pas de même du nitrate de soude. Si l'on donnait celui-ci en quantité exagérée, il aurait des inconvénients pour la végétation, en l'activant d'une façon démesurée. Pour les céréales, en général, et pour le blé, en particulier, l'excès de nitrate peut avoir pour effet de pousser à un développement foliacé excessif, qui provoque la verse, retarde la maturation, favorise l'envahissement de la rouille et augmente la proportion de paille au détriment du grain.

L'acide phosphorique corrige dans une large mesure les inconvénients inhérents au nitrate de soude ; il faut donc qu'il y ait toujours un certain rapport entre ces deux substances, et si l'on veut pousser à une production très intensive par l'emploi de fortes quantités d'engrais azotés (nitrate de soude, sulfate d'ammoniaque, engrais organiques), il faut en même temps élever la dose de superphosphate.

À la place du nitrate de soude, on peut employer le sulfate d'ammoniaque, mais celui-ci étant plus riche en azote, il suffit d'en mettre des quantités moindres ; on peut remplacer 100 kilogrammes de nitrate de soude par 75 kilogrammes de sulfate d'ammoniaque. Ce dernier produit a moins d'inconvénients au point de vue de la verse et du développement excessif de la paille ; il donne un grain plus dense et peut donc être substitué avantageusement au nitrate de soude.

Pour la betterave à sucre et la betterave fourragère, la pomme de terre et, en général, pour les plantes à racines et à tubercules, de fortes applications de superphosphates sont à recommander. 400 et jusqu'à 700 kilogrammes à l'hectare ont été appliqués, lorsqu'on a voulu obtenir les rendements les plus élevés auxquels on puisse prétendre. Il faut que les engrais azotés soient également en proportion suffisante ; mais si, pour les racines destinées à l'alimentation, on peut forcer la dose de nitrate ou de sulfate d'ammoniaque (300 à 400 kilogrammes de nitrate de soude) et accroître ainsi les rendements, ce n'est qu'avec une certaine réserve qu'il faut les appliquer à la betterave à sucre (150 à 250 kilogrammes). Cette dernière, en effet, tout en donnant de plus fortes récoltes, deviendrait plus aqueuse, c'est-à-dire moins riche en sucre, et n'aurait plus les qualités de la betterave industrielle, qu'on doit obtenir avec une richesse saccharine aussi grande que possible, tant à cause du mode de perception de l'impôt que des procédés de fabrication. En outre, un excès d'engrais azoté introduirait dans la betterave elle-même de fortes quantités de nitrate qui entrave la cristallisation du sucre.

Pour la production intensive des racines et des tubercules, et particulièrement de la pomme de terre, il y a souvent intérêt à ajouter à ces engrais des sels de potasse (chlorure ou sulfate) dans la proportion de 100 à 200 kilogrammes par hectare.

Le superphosphate, les sels de potasse et le nitrate, mélangés au moment de l'emploi, peuvent être mis en terre, au labour précédant la semaille, c'est-à-dire au printemps.

Sur les prairies naturelles et artificielles, les superphosphates mis en couverture à la dose de 200 à 400 kilogrammes par hectare donnent un résultat dont l'effet ne tarde pas à se faire sentir. Les légumineuses surtout, qu'on a un si grand intérêt à développer de préférence aux autres plantes fourragères, sont considérablement favorisées par l'application de cet engrais.

Il est tout à fait inutile de donner aux légumineuses des engrais azotés, puisque ces plantes absorbent l'azote aérien ; mais les sels de potasse, et principalement le sulfate, appliqués à dose assez élevée (200 à 300 kilog. à l'hectare), produisent généralement d'excellents effets. L'emploi du plâtre est également à recommander. Les prairies naturelles, qui sont constituées en majeure partie par des graminées non susceptibles de prendre l'azote aérien, profitent largement quand on leur applique, en outre, du nitrate de soude à la dose de 150 à 200 kilogrammes ; elles acquièrent alors une végétation beaucoup plus intense si une sécheresse trop grande ne vient pas entraver l'action de ces engrais. Toutefois l'emploi des engrais azotés sur les prairies naturelles ne doit pas être une pratique courante, car ces engrais d'un prix élevé ne sont pas toujours payés par le surcroît de foin produit ; d'un autre côté, les sols de prairies qui occupent les bas-fonds sont le plus souvent assez riches en azote, et peuvent alors se contenter d'une simple application de phosphate.

D'ailleurs, pour les prairies naturelles et artificielles, on obtient également de très beaux résultats avec les scories phosphatées, dont le prix est d'environ moitié moins élevé que celui des superphosphates. Quant à la vigne, à laquelle, dans ses nouvelles conditions d'existence, on est obligé de demander des rendements plus élevés, elle se trouve bien de l'application des superphosphates. Mais il faudrait se garder de les employer seuls ; pour qu'ils puissent produire tout leur effet, les engrais azotés doivent y être associés. Le nitrate de soude et le sulfate d'ammoniaque appliqués en quantité limitée, ainsi que les sels de potasse, sont des adjuvants qu'on aurait tort de négliger.

Il faut surtout développer le système foliacé chargé d'élaborer la matière sucrée qui s'accumule ensuite dans le raisin et se transforme en alcool par la fermentation du moût. Or les feuilles ont besoin non-seulement de quantités notables de phosphate, mais encore d'azote et de potasse. Quand il s'agit de vignes françaises, même de celles qui sont atteintes par le phylloxéra, on peut dans bien des cas maintenir la végétation et la production à l'aide de fumures énergiques. S'agit-il de vignes américaines employées comme porte-greffes ou comme producteurs directs, on sait que les éléments fertilisants doivent leur être donnés abondamment pour que leur vigueur se maintienne.

Dans ces derniers temps, on a préconisé l'emploi de formules d'engrais dont l'azote était exclu. La vigne n'étant point susceptible de prendre l'azote dans l'atmosphère et en ayant besoin pour le développement de ses organes essentiels, nous ne saurions donner notre approbation à ces formules, et nous conseillons d'appliquer toujours à cette culture des engrais azotés, en même temps que les phosphates et la potasse.

Les proportions à employer varient beaucoup suivant la nature du sol, l'état du vignoble, le climat ; on ne peut donc pas donner une formule générale. Mais on peut admettre que des proportions de superphosphate de 200 à 400 kilogrammes par hectare, avec 150 à 300 kilogrammes de nitrate de soude et 100 à 200 kilogrammes de chlorure de potassium ou de sulfate de potasse, sont les limites entre lesquelles on doit se mouvoir, suivant les circonstances. Ici encore le sulfate d'ammoniaque peut remplacer le nitrate de soude ; souvent on s'adresse avec avantage à des engrais organiques, tels que viande ou sang desséchés, tourteaux de graines oléagineuses, etc., dont l'action est moins rapide, mais plus durable.

On a beaucoup préconisé l'application à la vigne de fortes quantités de plâtre ; il est difficile d'expliquer l'effet que peut avoir cette matière, mais des résultats très remarquables au point de vue du rendement paraissent avoir été obtenus par son emploi à haute dose (2 à 4,000 kilog. à l'hectare), surtout quand on l'a associée à des engrais azotés. Les superphosphates contiennent d'ailleurs eux-mêmes de notables quantités de plâtre.

Il va sans dire qu'à côté de tous les engrais dont nous venons de parler, et qui sont ce qu'on appelle des engrais commerciaux, une large place doit être donnée au fumier de ferme, qui reste la base d'une agriculture bien conduite, et qui a le grand avantage d'apporter, outre les principes fertilisants qu'il renferme, acide phosphorique, azote, potasse, cette forte proportion d'humus qui a une action si heureuse sur l'ameublissement du sol, sur sa fraîcheur, sur ses aptitudes à la production des récoltes.

La transformation en superphosphate n'est pas la seule méthode qu'on emploie pour amener à un plus grand degré de division les divers engrais phosphatés. On fabrique encore des phosphates précipités, notamment dans l'industrie qui extrait la gélatine des os. Ces derniers contiennent beaucoup d'acide phosphorique, qu'on dissout par un acide et qu'on précipite ensuite par la chaux. Dans cette opération on obtient de nouveau un phosphate insoluble, mais dans un état de division moléculaire tel qu'il se présente aux racines des plantes sous une forme très assimilable.

Ce phosphate, qui est bibasique, contient ordinairement de 36 à 40 pour 100 d'acide phosphorique ; c'est donc un des produits les plus riches qu'offre le commerce des engrais. Au point de vue agricole, il se rapproche du superphosphate, par la facilité avec laquelle il est absorbé. Aussi peut-il être employé dans les mêmes conditions que ce dernier.

SECTION IV.

Nous arrivons maintenant aux phosphates métallurgiques ou scories phosphatées, qui constituent un sous-produit de la fabrication des aciers et proviennent du traitement des fontes riches en phosphore, incapables de fournir de bons aciers, par un fondant calcaire. Celui-ci absorbe le phosphore oxydé par un courant d'air pendant la fusion de la fonte ; il se produit un laitier, qui autrefois était de nulle valeur, et qui aujourd'hui figure au nombre des engrais les plus estimés.

Ces scories n'ont fait leur apparition sur les marchés que depuis quelques années, et déjà elles tiennent une large place dans l'emploi agricole.

On les trouve sous la forme d'une poudre plus ou moins fine, d'une grande densité. L'acide phosphorique qu'elles renferment varie entre 12 et 20 pour 100. Acceptées d'abord avec hésitation, elles n'ont pas tardé à faire leurs preuves, et aujourd'hui elles sont regardées avec raison comme d'une efficacité notablement supérieure à celle des phosphates naturels, inférieure cependant à celle des superphosphates. Leur application aux céréales, aux cultures sarclées, conduit à de bons résultats, sans cependant aboutir à ces rendements élevés qui paraissent rester le privilège des superphosphates. Là où leur action se fait surtout sentir, c'est dans les prairies naturelles ou artificielles, auxquelles elles impriment une vigueur de végétation extraordinaire, et dans lesquelles elles favorisent surtout le développement des légumineuses. Leur action n'est pas due seulement à l'acide phosphorique qu'elles renferment ; la chaux libre ou combinée qui entre en forte proportion dans leur constitution joue un rôle des plus utiles, surtout lorsque les sols sont peu calcaires.

L'utilisation des scories phosphatées est très avantageuse ; en effet leur prix ne dépasse pas de beaucoup celui des phosphates naturels. Leur emploi est entravé dans une certaine mesure, parce que leur production est localisée dans les grands centres métallurgiques et que, pour arriver aux régions éloignées des usines, elles ont à subir des frais de transport considérables. C'est surtout dans les départements de l'Est et du Nord que se trouvent les forges produisant les scories phosphatées. L'agriculture de ces régions trouve là des ressources précieuses. Mais dans le Midi, dans le Sud-Ouest, on doit les faire venir de loin, et les frais de transport les grèvent à tel point qu'on a moins d'intérêt à s'adresser à elles.

Une dose de 400 à 500 kilogrammes pour les blés, pour les plantes sarclées, pour les prairies, n'a rien d'exagéré. C'est la question du prix de revient qui doit guider dans la détermination des quantités à employer.

Enfin, il est une source d'engrais phosphatés dont l'agriculture sait tirer parti : ce sont les os des animaux, dont le squelette est constitué en grande partie par du phosphate de chaux. Les récoltes que nous produisons ont presque toutes pour destinée finale de servir de nourriture à l'homme et aux animaux ; l'acide phosphorique qu'elles contiennent se concentre dans les os. Les utiliser à la production de nouvelles récoltes, c'est donc obéir à la règle de la restitution. Mais tous les os ne rentrent pas dans la circulation agricole ; ceux de l'homme en particulier restent immobilisés dans les cimetières, dans lesquels s'accumulent des quantités énormes d'acide phosphorique. On peut calculer qu'en France plus de 600,000 kilogrammes de ce principe fertilisant sont ainsi soustraits annuellement à l'agriculture par la sépulture humaine. L'on ne saurait songer à porter une main sacrilège sur ces restes que les mœurs de tous les temps nous ont appris à respecter. On a vu cependant des industriels, auxquels ces sentiments si légitimes étaient étrangers, exploiter les champs de bataille pour en utiliser les ossements à la fabrication d'engrais chimiques. L'Angleterre paraît avoir eu le monopole de cette exploitation.

Pour les os des animaux, on n'est point retenu par les mêmes considérations et leur utilisation agricole doit être aussi complète que possible.

L'industrie tire parti d'une fraction des os des animaux en s'en servant comme de matière première pour la confection d'objets divers et pour la production de la gélatine ; ce qui reste sans emploi, ainsi que le résidu de ce que l'industrie met en œuvre, constituent un engrais phosphaté de premier ordre.

Employés à l'état naturel et simplement moulus, les poudres d'os bruts ou d'os verts contiennent à la fois de l'azote (4 à 6 pour 100) et de l'acide phosphorique (20 à 22 pour 100). Mais c'est surtout l'os dégélatiné qui est offert à l'agriculture ; il contient encore de l'azote (environ 1 pour 100), mais la proportion d'acide phosphorique y est plus élevée (27 à 30 pour 110).

Le noir animal, produit de la calcination des os en vases clos, après avoir servi à la décoloration des jus sucrés, est employé directement par l'agriculture. Enfin, on fabrique avec les os des superphosphates et des phosphates précipités.

Sous ces différentes formes, et sans même qu'il soit besoin de recourir aux traitements chimiques, l'os est un engrais phosphaté estimé à juste titre, d'un prix plus élevé, il est vrai, que les phosphates minéraux, mais aussi d'une efficacité plus grande et d'une action plus rapide. Les phosphates d'os, dont la production est restreinte, sont loin d'avoir l'importance commerciale des phosphates minéraux.

SECTION V.

Après avoir examiné les divers engrais phosphatés que nous trouvons dans le commerce et montré dans quelles conditions leur emploi est le plus avantageux, nous devons aborder la question de la fraude qui intervient si fréquemment dans les transactions auxquelles donnent lieu ces matières fertilisantes et qui, pendant plusieurs années, a jeté un véritable discrédit sur les engrais chimiques, retardant ainsi l'application des méthodes nouvelles, bases de l'agriculture moderne.

Ces fraudes portent non-seulement sur la nature des produits, mais encore et surtout sur leur richesse en substances dites fertilisantes. On peut citer de nombreux exemples de fraudes qui se pratiquaient autrefois d'une manière éhontée et qui, aujourd'hui encore, malgré la législation sévère qui régit le commerce des engrais, se rencontrent quelquefois. Mais nous insisterons plus particulièrement sur les moyens qui permettent d'échapper aux falsifications et aux exagérations de prix, dont sont fréquemment victimes les agriculteurs peu instruits.

Il n'y a pas de commerce qui ait pratiqué les fraudes sur une plus vaste échelle que celui des engrais ; nous devons faire connaître en quoi consistent ces fraudes, comment elles se pratiquent, quels sont, en revanche, les moyens dont dispose le cultivateur pour y échapper ; nous devons aussi indiquer comment le législateur est intervenu pour réprimer ces manœuvres déloyales.

Il existe encore en France, aussi bien qu'à l'étranger, des fabriques d'engrais qui écoulent au loin, sous un nom de fantaisie, des matières plus ou moins fraudées, par l'entremise d'agents dont le concours, ou plutôt la complicité, est payée par des remises très élevées. C'est surtout aux petits cultivateurs qu'ils s'adressent ; c'est à domicile, au fond des campagnes, qu'ils vont chercher les commandes, abusant de la crédulité des paysans et de leur ignorance de la composition et de la valeur réelle des matières fertilisantes. Le plus généralement ils vendent au comptant et ils échappent ainsi aux réclamations que les mécomptes obtenus ne manqueraient pas de soulever. Souvent aussi ils vendent à crédit et à très long terme ; dans beaucoup de régions, c'est le procédé qui leur réussit le mieux. Le cultivateur, n'ayant à débourser l'argent que dans un avenir assez éloigné, achète plus facilement.

Le prix des engrais ainsi acquis est ordinairement surfait de 50, 75 et jusqu'à 90 pour 100 de leur valeur réelle.

N'a-t-on pas vu, il y a peu d'années encore, des usines pulvérisant des roches schisteuses ne contenant aucune trace de matières fertilisantes, les écouler en Bretagne comme phosphate des Ardennes ? Le préjudice causé à l'agriculture par des pratiques pareilles est immense.

Le cultivateur échappe aux fraudes de cette nature en refusant de parti-pris des offres qui émanent d'inconnus et surtout des courtiers nombreux qui parcourent les campagnes. Il vaut bien mieux s'adresser aux grandes maisons qui, ayant intérêt à ne pas compromettre leur situation commerciale, cherchent dans l'exécution de leurs engagements le succès de leur industrie.

Il existe dans toutes les régions de la France des personnes compétentes et désintéressées pouvant éclairer sur ce point délicat les cultivateurs embarrassés.

Mais quoi qu'il en soit, chaque fois qu'on effectue un achat d'engrais, il est nécessaire de faire procéder à l'analyse chimique du produit livré, afin de savoir si celui-ci est bien conforme aux engagements pris par le vendeur. Des stations agronomiques, des laboratoires agricoles existent dans presque tous les départements ; il est donc à la portée de tous d'obtenir cette vérification indispensable.

Dans beaucoup de ces établissements, les analyses sont gratuites ; dans les autres, les tarifs sont assez réduits pour qu'on n'ait pas d'hésitation à s'adresser à eux. La nouvelle législation impose, d'ailleurs, aux négociants l'obligation d'indiquer sur leur facture la nature des engrais et leur teneur en principes fertilisants.

Ils ont ainsi à garantir l'authenticité du produit livré et s'exposent, dans le cas de fraudes et surtout de récidives de fraudes, à de sévères condamnations.

Il faut que le législateur ait été bien effrayé de l'étendue du mal et des conséquences funestes pour la prospérité nationale, des agissements des commerçants malhonnêtes, pour avoir ainsi édicté la loi d'exception du 4 février 1888. Ces craintes n'étaient que trop justifiées, et en exerçant par cette loi une sorte de tutelle sur les agriculteurs, on leur a rendu un service dont les effets se font de plus en plus sentir. Sous son influence, le commerce se moralise graduellement et la confiance renaît chez le cultivateur assuré désormais d'une protection plus efficace contre les agissements des fraudeurs.

Une autre garantie leur est donnée par l'institution des syndicats agricoles qui ont aujourd'hui pris une grande extension et dont le nombre augmente d'année en année, on pourrait presque dire de jour en jour. Il en existe à peu près dans tous les départements, souvent même dans les chefs-lieux d'arrondissement ou de canton. Le rôle de ces syndicats, généralement dirigés par les agriculteurs les plus compétents de la région, consiste surtout à servir d'intermédiaires entre les négociants et les acheteurs. Le syndicat n'est autre chose qu'une association de cultivateurs formée en vue d'acheter en commun, de grouper les commandes, de manière à pouvoir s'adresser à des fournisseurs en gros et à obtenir ainsi, par la suppression des intermédiaires qui ruinent la petite culture, les prix les plus réduits. Aux administrateurs du syndicat incombe la mission de choisir les fournisseurs qui offrent les conditions les plus avantageuses, de prendre vis-à-vis d'eux toutes les garanties désirables, de faire contrôler par des analyses la qualité des livraisons et d'obtenir les tarifs de transport les plus réduits. Cette institution permet donc d'abaisser le prix des engrais et de supprimer la fraude. À ces deux titres surtout elle mérite d'attirer à elle tous les cultivateurs. Ceux qui ne voudraient pas s'affilier à un syndicat ne sauraient s'en prendre qu'à eux-mêmes des mécomptes que peut leur donner l'achat inconsidéré des substances fertilisantes.

C'est sur les phosphates surtout, qui renferment l'élément fertilisant par excellence et qui ont été, depuis l'origine de l'emploi des engrais chimiques, l'objet des transactions les plus importantes, que les fraudes se sont exercées. En faisant connaître les moyens pour échapper à ces fraudes, nous avons eu pour principal but de permettre l'acquisition, dans les conditions les plus favorables, des engrais phosphatés ; les mêmes moyens s'appliquent à la généralité des substances fertilisantes.

SECTION VI.

Le territoire de la France est particulièrement favorisé sous le rapport des phosphates, il en contient de nombreux gisements répartis dans diverses formations géologiques. D'autres pays l'ont été moins. En raison de l'utilité des phosphates pour l'amélioration du sol, l'agriculture des pays où ce minerai est abondant se trouve dans une situation privilégiée, à la condition toutefois de tirer parti de cette matière fertilisante. Si en effet le phosphate des gisements d'une région est exporté et quitte le territoire national, c'est, il est vrai, un avantage au point de vue commercial, mais c'est un grand préjudice pour l'agriculture indigène qui aurait elle-même pu employer ce produit. L'avantage résultant de l'exportation peut être considéré comme bien inférieur à celui qu'eût donné l'utilisation agricole. Le kilogramme d'acide phosphorique se vend à l'exportation environ 0 fr. 20, et employé en France, il eût pu produire un hectolitre de blé ou de seigle, un hectolitre et demi d'orge, etc. En nous plaçant uniquement au point de vue du territoire de la France, où l'acide phosphorique manque presque totalement surplus du cinquième de la surface, où il est en quantité insuffisante presque partout, nous devons voir avec regret exporter à vil prix un produit fertilisant de première nécessité, dont l'emploi deviendrait une cause de prospérité pour le pays tout entier. Cette exportation ne se justifierait que si le sol indigène était suffisamment pourvu de cet élément, ce qui est loin d'être le cas, ou que si l'on était assuré d'une réserve assez grande pour parer à l'appauvrissement du sol par les récoltes futures. En exportant l'acide phosphorique, nous sacrifions pour une faible compensation un des principaux éléments de la fertilité du sol.

Les gisements existant en France sont à l'heure qu'il est l'objet d'exploitations actives ; malgré leur étendue et leur importance, on peut prévoir le moment où ils seront épuisés, et les agriculteurs éprouveront d'amers regrets d'avoir laissé enlever ainsi par l'étranger une si importante source de richesse. Avant qu'il ne soit trop tard, nous engageons vivement les cultivateurs à pourvoir leurs terres de phosphate ; cet élément n'est point sujet à des déperditions ; le stock introduit dans la terre lui restera acquis et sera utilisé peu à peu par les récoltes successives.

Si le prix des phosphates était élevé, une pareille pratique ne serait pas à conseiller à l'agriculteur, qui aurait alors un capital important à immobiliser pendant une longue période d'années ; mais il n'en est pas ainsi. Le prix des phosphates est extrêmement minime ; avec un faible sacrifice on peut augmenter dans une forte proportion la valeur foncière des terrains. Prenons un exemple de la création d'un stock de phosphate dans le sol. En s'adressant à des phosphates naturels d'un titre moyen, dans lequel le prix de l'acide phosphorique est de 15 à 20 centimes le kilogramme, nous pouvons introduire dans le sol 1,000 kilogrammes d'acide phosphorique par hectare avec une dépense de 150 à 200 francs, non compris les frais de transport et d'épandage. Les récoltes moyennes de céréales enlevant au sol environ 20 kilogrammes d'acide phosphorique par an, on voit que la proportion ainsi introduite peut suffire à cinquante années de production moyenne, en laissant au bout de cette période le sol aussi riche en phosphate qu'il l'était au début. Cet apport aura augmenté la valeur foncière de 200 francs et la valeur locative de 10 francs par année ; nous pouvons sans crainte affirmer qu'il est bien peu de terrains qui ne puissent répondre largement à ce sacrifice.

La question des phosphates domine l'agriculture moderne. Les rendements élevés que leur emploi permet d'obtenir modifieront les conditions économiques défavorables dans lesquelles se débat aujourd'hui l'agriculture de la France et celle de l'Europe entière, dans sa lutte contre la production des pays neufs, dont les sols ne sont pas épuisés par une longue suite de cultures et donnent, sans qu'il soit besoin de leur aider, d'abondantes récoltes. Mais cet état de choses changera ; pour la France en particulier, nous entrevoyons déjà le résultat des perfectionnements apportés à l'agriculture et de l'application judicieuse des engrais chimiques et principalement des phosphates, dont nous possédons d'abondants gisements.

Les rendements moyens du blé augmentent d'année en année, c'est un fait bien constaté ; les récoltes suffiront bientôt à nos besoins et nous dispenseront de recourir aux blés étrangers. Nous pouvons même espérer que, d'importateur de grains qu'il est aujourd'hui, notre pays deviendra à son tour exportateur. Il ne reste que peu d'efforts à faire pour atteindre ce but.

ISBN : 978-1721186563

www.ingramcontent.com/pod-product-compliance
Lightning Source LLC
Chambersburg PA
CBHW072033230526
45468CB00021B/1744